「横浜開港見分図」　安永6年（1859）3月　横浜開港資料館所蔵（モノクロ）

『京浜新聞』（1900年8月21日刊）の付録。開港3ヶ月前の横浜の様子。当時の幹線道路であった東海道からは離れ、新田や沼地が見えるなどそれほど開発が進んでいなかったことがうかがえる。

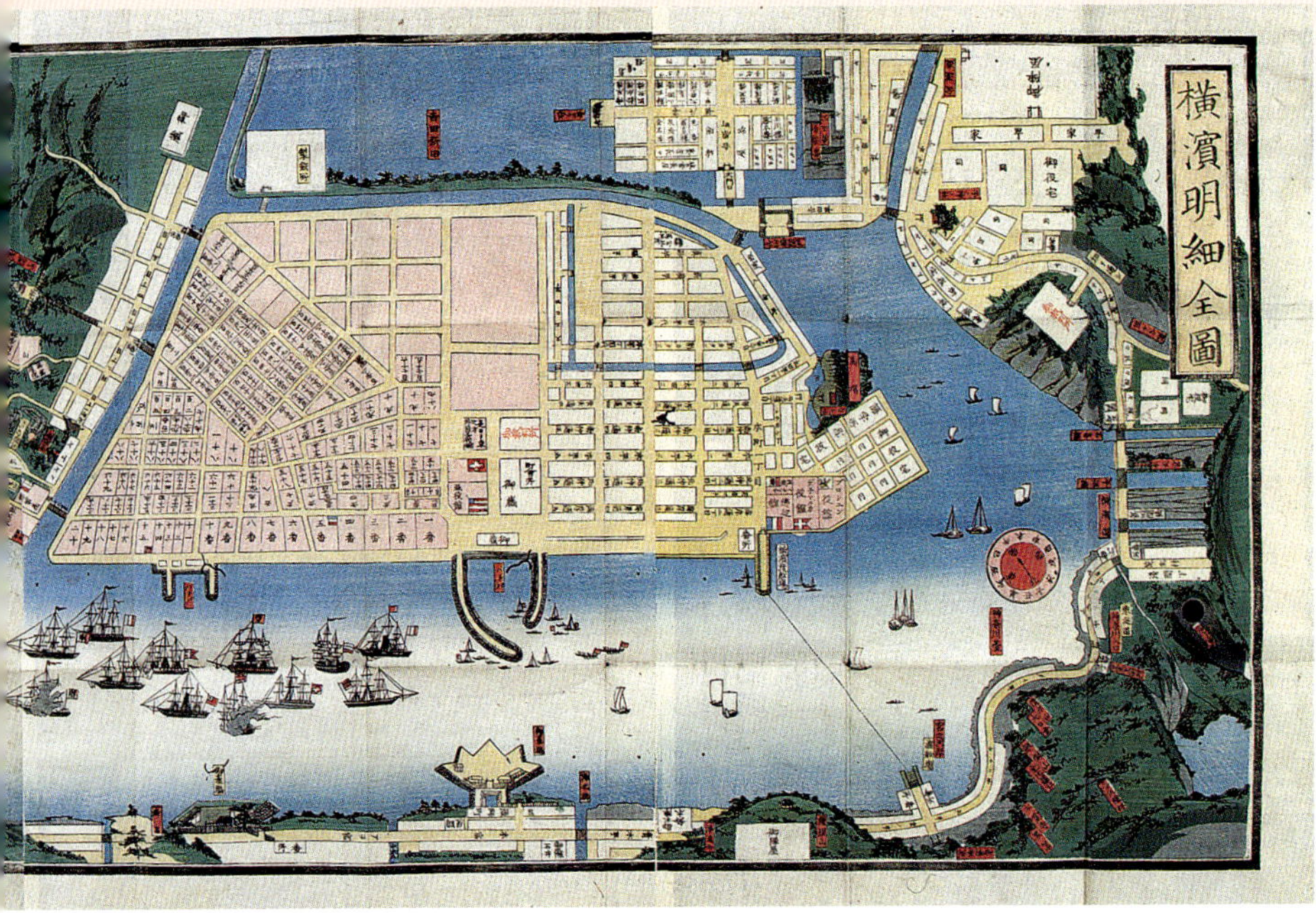

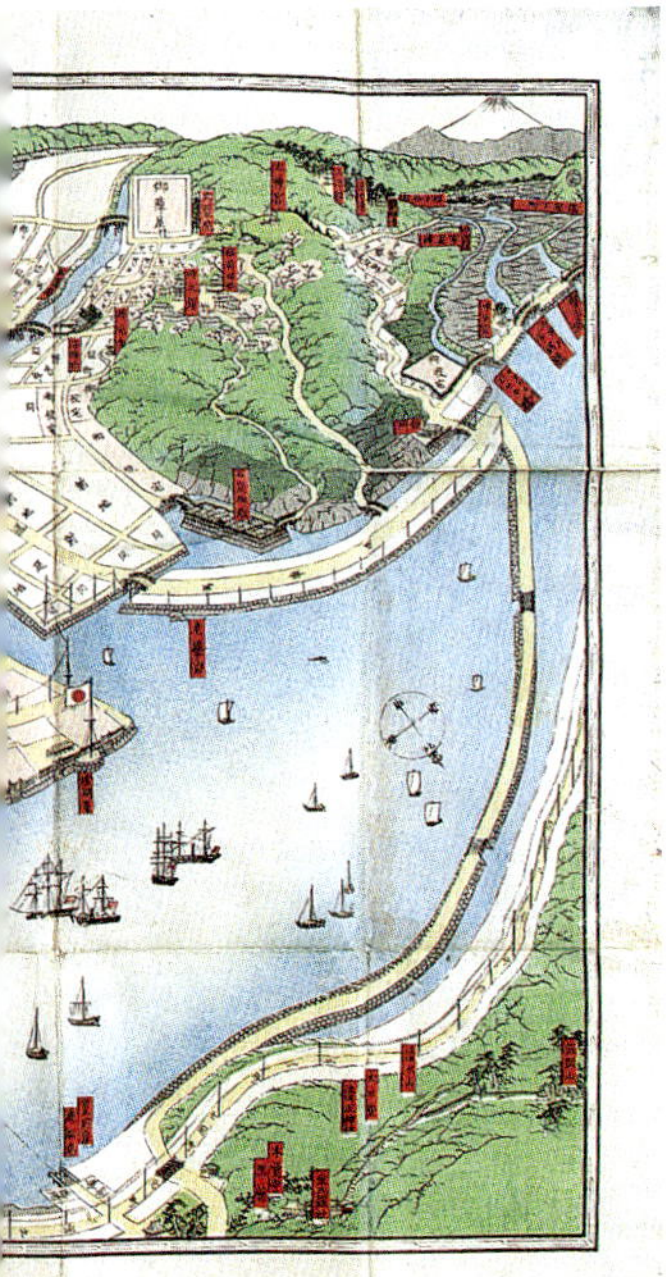

「横浜明細全図」　元治元年（1864）　馬の博物館所蔵

開港から5年経った横浜居留地周辺を描いたもの。外国人居留地と日本人居住区が色分けされている。居留地の右端には、州干弁天社にあった幕府役人用の訓練用馬場が描かれている。

「横浜明細之全図」　明治3年（1870）　馬の博物館所蔵

同じ版元が6年後に発行したもの。作品の左端、現在の石川町から山手にかけて居留地が拡大したことがわかる。また、「根岸村　馬カケ場」として根岸競馬場が描かれている。

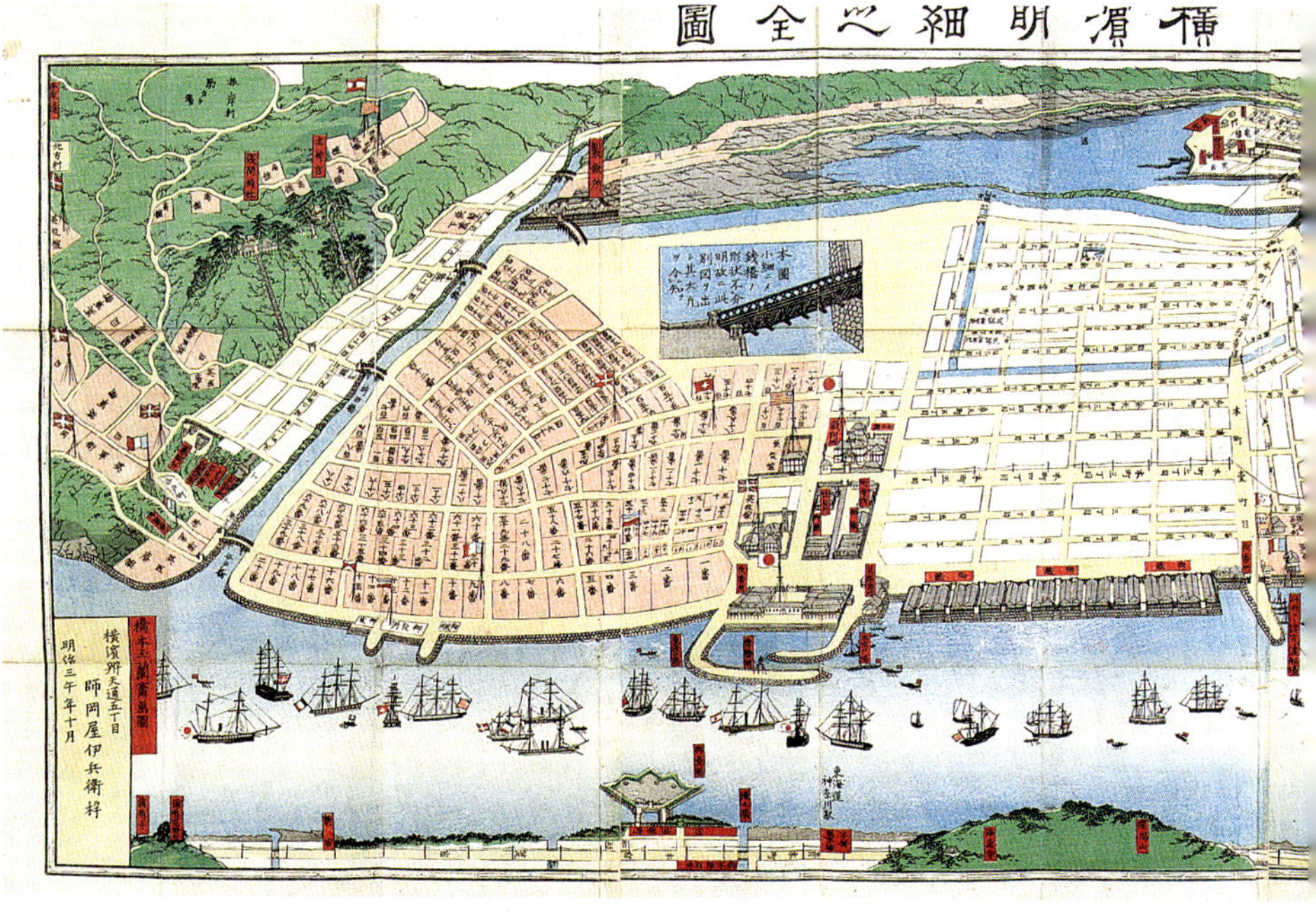

歌川貞秀「横浜鉄橋之図」　神奈川県立歴史博物館所蔵

フランス公使館前から吉田橋までの間を結ぶ道路が、現在の馬車道である。吉田橋は明治2年（1869）に英国人技師R.H.ブラントンの設計による鉄橋に架け替えられた。これは横浜で最初の鉄橋であり、「かねのはし」として浮世絵などにも多く描かれている。

横濱鉄橋其二

三代歌川広重「東京横浜鉄道往返之図」1873年　馬の博物館所蔵

乗合馬車は明治初めに築地居留地と横浜居留地の間を結ぶ形で使用されるようになった。しかし、明治5年（1872）に新橋・横浜間に蒸気鉄道が開通すると、新橋・日本橋間、横浜・小田原間など支線として使用されるようになった。

川ヨリ川崎マデ
鶴見マデ
神奈川マデ
同 横濱マデ
川崎ヨリ鶴見マデ
同 神奈川マデ
同 横濱マデ
鶴見ヨリ神奈川マデ
同 横濱マデ
神奈川ヨリ横濱マデ
但シ小児四才マデハ無賃 十二才迄半賃金ノ事
元板
清

「横浜競馬優勝記念カップ」　1872年　馬の博物館所蔵

まだ日本人の参加が認められていない、横浜レースクラブ時代のもの。「Presented to A.H.Prince by N.P.Kingdon」の刻印がある。N.P.Kingdon（1829～1903）は英国人貿易商で、馬主としてだけでなく騎手や調教師としても活躍。西郷従道のミカン号も調教した。カップの周りには4つのレースでKingdon氏所有馬が勝利したことが刻印されており、それを記念して作られたものだと思われる。

永林信実「横浜名所之内　大日本横浜根岸万国人競馬興行ノ図」1872年　馬の博物館所蔵

「横浜名所之内」という5枚組みシリーズ中の1つ。根岸競馬場を描いた浮世絵で現存するものはこの作品のみ。スタンド横にはアメリカやイギリスなど各国の国旗が見える。

「横浜周辺外国人遊歩区域図」　一八六七年頃　横浜開港資料館所蔵

居留地の約十里四方には外国人遊歩区域が設けられた。同図はその境界を表したもの。この境界の外に行くためには許可を受ける必要があった。

Glossary of Japanese Words
gawa, kawa ... River
saki ... Point
sima ... Island
yama ... Mountain
kami, kita ... Upper
simo, minami ... Lower
ENGLISH MILES
PROVINCE OF KAI
PROVINCE OF SURAGA
PROVINCE OF IDZU
Oma
Shimo Torizawa
Kami Torizawa
Sarubashi
Kami Hanazaki
Otsuki
Shimoya
Yoshino
Obara
Komakino
Tea & Mulberry
Orchards
High Land richly cultivated
Ranges varying from 3 to 6000 ft
ASIGARA KAMI
Kanete
Okamoto
Rice District
Low Land
Subashiri
FUSIYAMA
SURUHEGASI
Hakoni Lake
Hakoni
Mishima
NUMATSU
TAKATA
KAMO
ODAWARA
OYAMA
Sova
Published by James

歌川芳虎「五ヶ国人物之内　仏蘭西女人」文久元年（1861）　馬の博物館所蔵

横乗りをしている外国人女性を描いた横浜浮世絵の典型的なもの。馬の左側に両足を出しているのは、西洋式馬術により馬の左側から騎乗したためであろう。

歌川芳盛「五ヶ国之内　アメリカ」　万延元年（1860）　馬の博物館所蔵

馬に横乗りをしているアメリカ人女性を描いているが、鞍が和鞍になっているなど全て和式馬装である。芳盛は横浜に住んで作品を多く描いているが、実際にこのような女性もいたのだろうか。

歌川国輝「仏蘭西曲馬」　馬の博物館所蔵

明治4年（1871）に横浜で興行を行ったスーリエの曲馬団を描いたもの。この曲馬団は、東京府内でも興行を行っている。

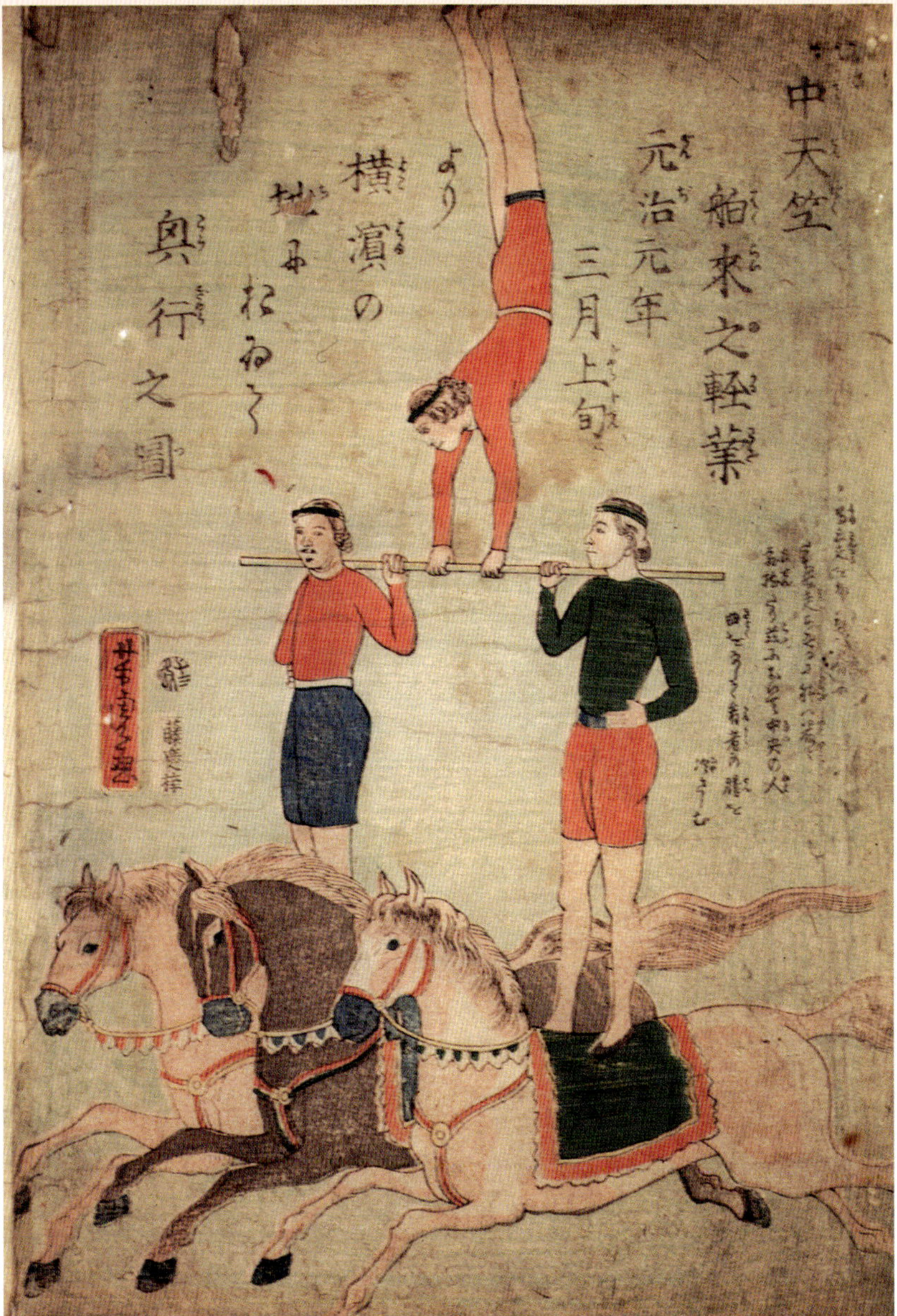

一川芳虎「中天竺舶来之軽業」　馬の博物館所蔵

1864年に来日したアメリカ人曲芸師リズレーにより、3月から5月まで行われた興行が、日本で最初のサーカス興行といわれている。「中天竺舶来軽業」と呼ばれ、浮世絵にも多く描かれた。

横浜ウマ物語

～文明開化の蹄音～

秋永　和彦

はじめに

「泰平の眠りをさます上喜撰《じょうきせん》　たった四はいで夜もねむれず」

江戸時代の人々がこのように詠んで畏れたペリーの浦賀来航（嘉永《かえい》六年＝一八五三）。将軍のお膝元である江戸から目と鼻の先の場所に、見たこともない大きな船が、聞いたこともない大きな音を立てながら現れたのですから、外国との交易が長崎の出島に限られていた鎖国体制下の関東の人々にとっては相当な衝撃だったのでしょう。

そして翌年の嘉永七年（一八五四）―今年からちょうど百五十年前―にはペリーが再び来航し、日米和親条約《にちべいわしんじょうやく》が神奈川で締結されました。これは、鎖国令が発布されて以降、初めて江戸幕府が外国と結んだ近代的条約であり、二百年以上続いた鎖国体制の崩壊を意味しました。そして、幕末は日本の社会文化の大きな転換期となりました。

「ザンギリ頭をたたいてみれば文明開化の音がする。チョンマゲ頭をたたいてみれば因循姑息《いんじゅんこそく》の音がする。」

これは文明開化の時代を指すのによく使われる言葉（もともとは新聞に掲載された俗謡《ぞくよう》）です。西洋風の髪型である「ザンギリ（＝散切り）頭」を褒め称え、日本武士の伝統的な髪型である「チョンマゲ頭」を蔑んでいるこの俗謡が流行したことから考えると、当時の日本人は積極的に欧米文化を取り入れようとしていたようです。ちなみに、「文明開化」という言葉を最初に使ったのは福沢諭吉の『西洋事情　外編』（一八六八年）とされています。

神奈川（横浜）は江戸（東京）から最も近い開港場だったこともあって多くの外国人が滞在し、欧米文化の影響を受けて非常に賑いました。幕末から明治にかけて、横浜が発祥となった西洋文化は数多くあります。その中には近代競馬や馬車、西洋曲馬（サーカス）などの馬文化もありました。根岸にあった横浜（根岸）競馬場は日本で最初の本格的な近代競馬場（一八六六年完成）であり、日本で最初の乗合馬車が通った道は馬車道として現在も名前を留めています。

本書では、文明開化を最も象徴している横浜にスポットを当て、近代国際都市における馬文化を紹介します。

目次

1、開港以前の横浜

「小田原城下図屏風」（部分）　馬の博物館所蔵

現在の神奈川県内において歴史的に中心地であったのは、初の武家政権である鎌倉幕府が置かれた鎌倉であり、戦国時代に後《ご》北条氏《ほうじょうし》の城下町として栄えた小田原でした。現在の横浜市周辺の地域が中心地となったのは比較的新しいことになります。「横浜」という地名が出てくるのは室町時代の嘉吉《かきつ》二年（一四四二）のことで、寄進状の中に「武州久良岐郡横浜村《ぶしゅうくらきぐんよこはまむら》」とあります（宝生寺文書）。

天正十八年（一五九〇）の後北条氏滅亡に伴い、相模《さがみ》国や武蔵《むさし》国など六つの国（現在の横浜市は武蔵国）は徳川家康の所領となりました。家康が江戸城を居城にしたことによって関東地区の中心地が小田原から江戸に移り、江戸幕府は江戸を中心とする諸街道を整備していきます。そして、各街道沿いにあった宿場町が交通の要衝として栄えていくことになりました。それらの中でも江戸と京都の間を結び、かつ家康の旧所領であった三河《みかわ》国や駿河《するが》国を通る東海道は、幕府も重視しました。現在の横浜市内には、東海道沿いに神奈川・保土ケ谷・戸塚の三つの宿場町がありましたが、特に戸塚は江戸と小田原から約十里（当時の平均的な一日の行程距離）にあり、また東海道と鎌倉道との分岐点であったことなどから、多くの旅人で賑いました。

　大量の荷物を一度に運ぶために海上輸送も発達していきました。しかし、幕府が東京湾や相模湾に入港する廻船《かいせん》の改番所《あらためばんしょ》としたのは三崎や下田、浦賀などでした。横浜村があった久良岐郡というのは、現在の南区・中区・磯子区・金沢区と西区・港南区の一部にあたり、桜木町から山下町にかけての海沿いの地域は小さな漁村に過ぎませんでした【口絵参照】。

歌川広重「東海道五十三次之内　神奈川」　神奈川県立歴史博物館所蔵
東海道の神奈川宿は、現在の横浜市神奈川区青木町付近にあった。

歌川広重「東海道五十三次之内　戸塚」　馬の博物館所蔵

戸塚は東海道と鎌倉道の分岐点であり、橋の横に「左りかまくら道」という文字が見える。この作品には構図が異なる前版と後版の２種類があり、前版(上)は宿場に着いて旅人が馬から下りる夕方の風景、後版(下)は宿場から出発するために旅人がまさに馬に乗ろうとしている朝の風景を描いている。

2、居留地《きょりゅうち》の風景

「ペリー提督一行の横浜上陸」　横浜開港資料館所蔵

嘉永《かえい》六年（一八五三）、アメリカの東インド艦隊司令長官ペリーが浦賀に来航、翌年には再び神奈川沖に来航して日米和親条約を締結します。この条約により下田と箱館が開港され、二百年以上続いた鎖国体制が崩壊しました。横浜（神奈川）は安政五年（一八五八）に締結された日米《にちべい》修好《しゅうこう》通商《つうしょう》条約《じょうやく》において開港場の一つ（他には箱館・長崎・新潟・兵庫）となります。条約の文中には「神奈川」とあったため、アメリカ側は東海道の宿場町であった神奈川（現：横浜市神奈川区青木町付近）を開港地として要求しました。しかし、日本側が当時は小さな漁村であった横浜村を開発・整備して開港場としました。これには、日本人と外国人との衝突を避ける目的もあったようです。

修好通商条約では条約締結国民の居住・商

業活動は一定の地域内に限られており、この地域のことを「居留地《きょりゅうち》」と呼びました。当時の横浜村の周辺には新田地帯が広がっていたため、急速に開発が進んでいきます。横浜においては、まず最初に山下（関内）地区が居留地となりましたが、慶応二年（一八六六）の大火によって居留地の大半を焼失してしまいます。その後に締結された「横浜《よこはま》居留地《きょりゅうち》改造《かいぞう》及《および》競馬場《けいばじょう》墓地《ぼち》等約書《とうやくしょ》」に基づいて山手地域が居留地に編入されました。そして、港に近い山下（関内）居留地は商工業地区として、高台にある山手居留地は住宅地としてそれぞれ発展していくことになります。【口絵参照】

居留地から十里四方は遊歩地区とされて自由に出掛けることができましたが、その外側には内《ない》地旅行免状《ちりょこうめんじょう》（パスポート）を申請しなければ立ち入ることはできませんでした。外国人の身の安全を守るためにこのような制限を設ける一方、居留地内に領事裁判権《りょうじさいばんけん》を認めることで居留外国人の権利を保護していたのです。横浜の場合、北東は多摩川《たまがわ》、西方は酒匂川《さかわがわ》がそれぞれ遊歩地区の境界線でした【口絵参照】。居留外国

「山手居留地境界石」
横浜開港資料館所蔵（清水良雄氏寄贈）

人はこの区域内を馬車や遠乗《とおのり》（馬に乗って出掛けることで、今で言うドライブのようなもの）で散歩していました。その様子を描いている浮世絵も多く見られます。

幕末以降の横浜を描いた浮世絵は「横浜浮世絵」と呼ばれ、単なるお土産物ではなく、文明開化の様相を全国に伝える情報媒体の役割も果たしていました。題材として多く描かれたのは、居留外国人や外国商館（洋風建築物）でした。

「神奈川県高札」　横浜開港資料館所蔵

外国人遊歩区域の境界に立てられたもの。「掟　是ヨリ北外國人遊歩規程外ニ付通行免許ヲ得シ者ノ外越ユルヲ許サス　神奈川縣」と日本語で書かれているほか、英語とフランス語でも併記してある。

外國人どんたく
おらんだ
あめりか
ふらんす
一川芳員画

一川芳員「外国人どんたく遊らん行歩乃図」　馬の博物館所蔵

「どんたく」の由来はポルトガル語の「zondag」(＝日曜日、安息日)。鎖国時代に長崎・出島における中国人やポルトガル人の風俗を描いた浮世絵にも同じような構図が見られる。

横濱各國商舘之圖

三代歌川広重「横浜各国商館之図」　馬の博物館所蔵
関内居留地にあった外国商館の様子を描く。商館前の通りを行く乗合馬車や人力車、洋装の居留民、弁髪を結った清国人、洋傘をさした和服姿の日本人女性など、国際色豊かだった当時の横浜の雰囲気が出ている。

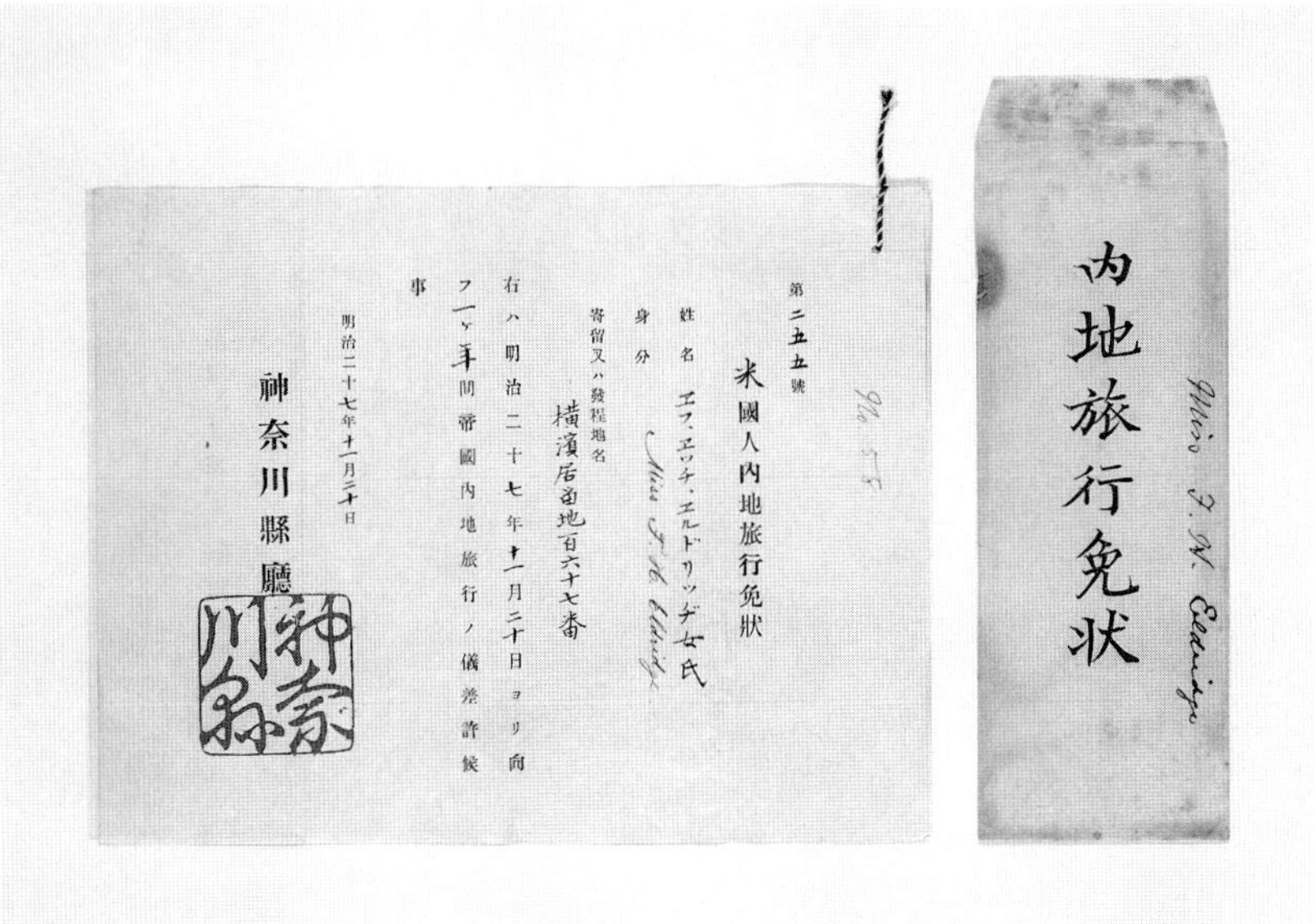

第二五五號

米國人内地旅行免狀

姓名　エフ、エッチ、エルドリッヂ女氏

Miss F. H. Eldridge

身分

寄留又ハ發程地名

横濱居留地百六十七番

右ハ明治二十七年十一月二十日ヨリ向フ一ヶ年間帝國内地旅行ノ儀差許候事

明治二十七年十一月二十日

神奈川縣廳

「内地旅行免状」　横浜開港資料館所蔵

居留外国人に対して、内地（遊歩区域外）に出掛けることを許した許可状。許可を受けたF.H.エルドリッジは、お雇い外国人医師であったアメリカ人J.S.エルドリッジ氏の娘。

3、馬車文化の導入

「洛中洛外図屏風」（部分）　馬の博物館所蔵

馬車は紀元前二千年紀頃には西アジアで馬の導入後に使用され、エジプトやローマなどでは戦車として利用されました。中国や朝鮮半島においても紀元前に使用されていた記録が残っています。ところが、日本における牽引獣は牛が中心で、馬は専ら乗馬として使われました。平安末期以降の武士の世の中になると騎馬文化は普及し、街道が整備された江戸時代になっても東海道や木曽街道を描いた街道浮世絵に牛車は出てきますが、馬は騎馬《きば》や駄馬《だば》として見られます。

しかし幕末になると、日本に入って来た外国人と共に馬車文化も日本に伝来しました。それを初めて

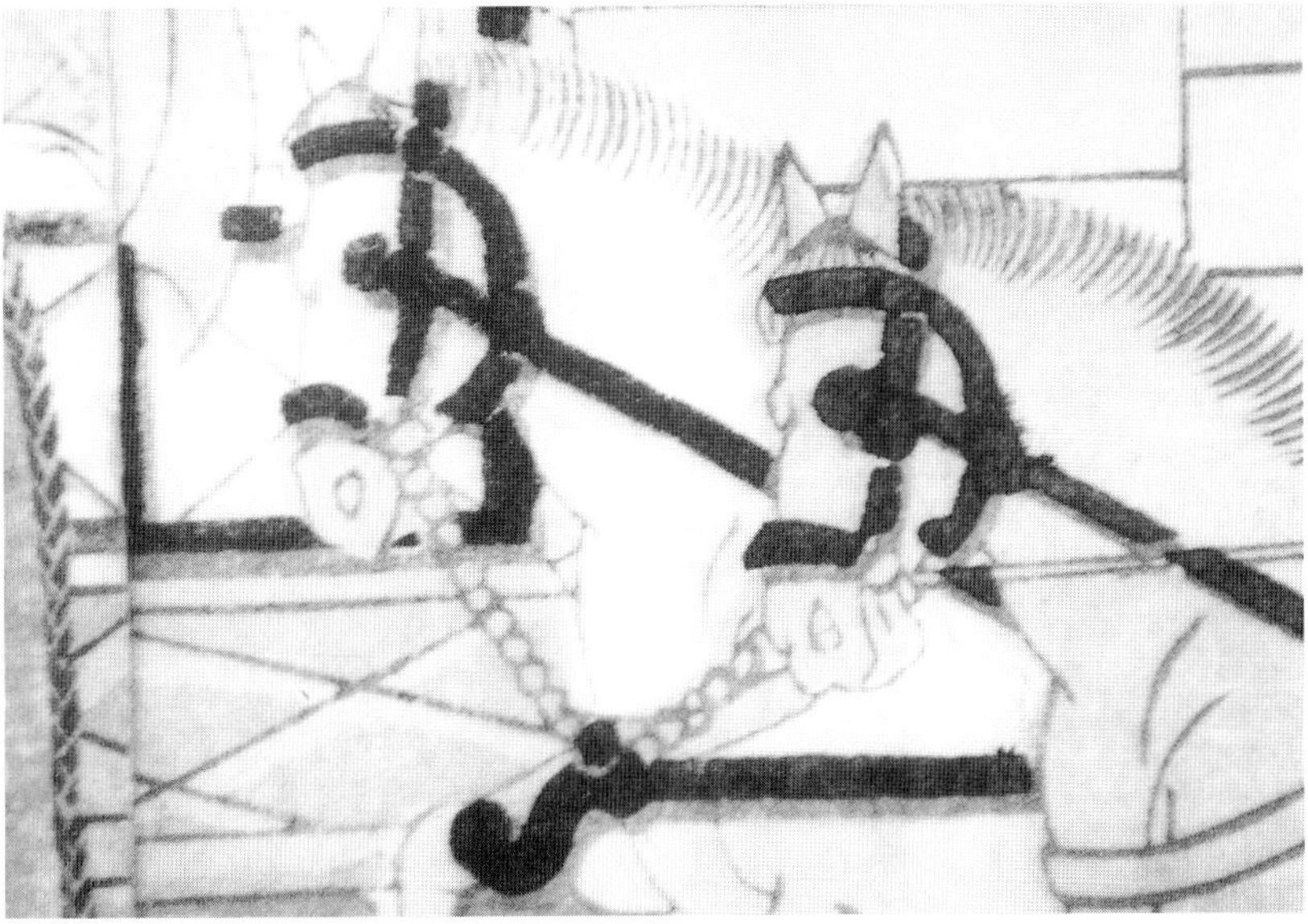

遮眼革（ブリンカー）

見た日本人の驚きは、文久《ぶんきゅう》二年（一八六二）に出された『珍事五ヶ国横浜はなし』（南草《なんそう》庵松伯《あんじょうはく》著）に出てきます。

「又馬車あり。かねにて大八車如くなるを付、九尺ほどのきよくろくあり。二人乗にて馬のかけ引する也。尤馬の面の両脇に板をかざし付て左右を見せず、馬に向許り見せるなり。一疋より二疋にて引なり。但、大道の音、雷の如し。」

当時の道路は現在のように舗装が進んでおらず、車輪にもゴムが付けられていなかったため、車輪の音が雷のように鳴り響いていたのでしょう。現代でも車の騒音が問題になることがありますが、そのような問題は今も昔も変わらなかったようです。「尤馬の面の両脇に板をかざし付て左右を見せず、馬に向許り見せるなり。」というのは、遮眼《しゃがん》革《かく》（ブリンカー）のことです。馬の視野は約三五〇度と広いため、常に前方しか見えないようにする（物見《ものみ》をしない）ための馬具で、今でも馬車馬に着用していることが多く、着用している競走馬も見かけます。また当時の浮世絵には、一頭牽き、二頭牽《び》き、四頭牽きなど様々な馬車が見られます。

開国後に馬車が最初に利用されたのは、横浜居留地と江戸の外国公館や築地居留地《つきじ》（現：東京都中央区明石町付近）の間を結ぶ郵便馬車や乗合馬車《のりあいばしゃ》だと言われています。横浜居留地においては、慶応《けいおう》三年（一八六七）にフランス公使館と吉田橋とを結ぶ道路が拡張整備され、大型の馬車が通るその賑いから「馬車道」と名付けられました。明治二年（一八六九）には、馬車道から吉田橋を経由して築地居留地までを結ぶ乗合馬車会社が設立されました。同年には日本人の経営による最初の乗合馬車会社「成駒屋《なりこまや》」が創設され、創業者の中には写真家の下岡久之助《しもおかきゅうのすけ》（蓮杖《れんじょう》）も名を連ねています。明治五年に新橋―横浜間に鉄道が開通したのに伴い、乗合馬車はターミナル駅と地方を結ぶ（新橋⇕日本橋・横浜⇕小田原など）在来線のような役割に変化していきました。

また、明治四年に西洋式の新しい郵便制度が採用されると、東京・高崎間の高崎郵便馬車会社をはじめとして、郵便馬車会社が相次いで発足しました。

当時の馬車における問題の一つに、舗装されていない道路を走る際の乗り心地の悪さがありました。それを改善するために考え出されたのが、レールの上に客車を走らせる鉄道馬車でした。

「馬車鉄道模型」　馬の博物館所蔵

鉄道馬車は明治十五年頃に設立された東京馬車鉄道会社により運行が開始され（新橋⇕上野・浅草）、次第に全国へ広がっていきました。神奈川県内においては、明治三十五年三月一日時点までに「小田原電気」「京浜電気」が開業しており、「湯ケ原《ゆがわら》馬車鉄道」「湘南《しょうなん》馬車鉄道」が開業予定でした（篠原宏『明治の郵便・鉄道馬車』）。二十世紀に入ると次第に電化が進み、都心部では鉄道馬車は次第にその姿を消していきましたが、北海道の簡易《かんい》軌道《きどう》馬車《ばしゃ》などは昭和三十年代まで使用されていました。

横濱吉田橋通繁昌之圖

歌川国輝「横浜吉田橋通繁昌之図」　馬の博物館所蔵

現在の吉田橋の下は高速道路になっているが、当時は掘切川が流れていた。ここには関所が設けられ、関所よりも内側ということから「関内」という地名が現在まで残っている。

東京
東京市街鉄道馬車
第壹號

「東京鉄道馬車図」　馬の博物館所蔵
東京馬車鉄道会社は新橋・汐留車庫を起点として上野行きと浅草行きがあった。定員は24名ないし28名、乗務員は馭者と車掌が各１名。

明治九年
六月二日
奥羽
御巡幸
萬世橋之
真景

三代歌川広重「奥羽御巡幸万世橋之真景」　馬の博物館所蔵
明治９年の奥羽巡幸を描いたもの。６月２日に仮皇居を出発し、福島・宮城・岩手を通り、青森からは船で横浜に戻った。

「明治天皇御料馬車（四人乗り）」　明治４年輸入　東京国立博物館所蔵
フランス公使ウートレーを通じて購入した馬車で、明治９年の奥羽巡幸などの御料とされたもの。

4、近代競馬のはじまり

吉江文雄「賀茂競馬図屏風」（部分）　馬の博物館所蔵

日本では、八世紀初め頃に「競馬《くらべうま》」という文化が興りました。大宝《たいほう》元年（七〇一）、天皇に献上された馬を内裏《だいり》で競走させたのが、記録に残る最初の競馬といわれています（『続日本紀《しょくにほんぎ》』）。その後は藤原道長などの有力貴族の邸宅や神社などで開催されるようになり、その伝統は京都・上賀茂神《かみがもじん》社《じゃ》で現在も行われている賀茂競馬に引き継がれています。このような競馬を、現在の競馬（「近代競馬」「洋式競馬」）と区別する意味で「古式競馬」「和式競馬」と呼びます。

古式競馬は現在の競馬とは全く性格が異なります。レースは二頭のマッチレースですし、もちろん馬券の発売もありません。騎手は「随身《ずいじん》」と呼ばれる上皇・貴族などの警護を担当する人々で、鞭で相手の馬を叩いたり、相手を馬から引きずり落とすといったことなども認められていました。また、現在のコースの多くが楕円型《だえんけい》で二千メートル前後の距離で行われるのに対して、古式競馬のコースは直線で二町（約二百メートル）の距離で行われます。【古式競馬については『うまはくブックレット④　日本の古式競馬』を参照のこと】

　近代競馬が日本に伝わったのは、やはり幕末の時期になります。居留外国人が娯楽として競馬を始めたのがきっかけです。そのため、横浜以外にも神戸や函館といった開港場で盛んに行われていたようです。横浜における競馬に関する記述の中では、本村（現在の中区元町）で万延《まんえん》元年（一八六〇）九月に競馬が行われたというものが最古のものです（『ジャパン・ウィークリー・メール』一八七二年三月二十三日号）。また、「競馬は最初、一八六一年春に本村、今は元町と呼ばれる場所で開かれたとされる」（『日本レースクラブ五十年史　一八六二―一九一二』）といった記述や、「文久元年（＝一八六一）中、洲干弁天社《すかんべんてんしゃ》裏西海岸を埋立て、馬場及び馬見所《うまみしょ》を新設し、幕府の役人たちが此所で馬術を練習し、折々競馬を開催した。外国人も亦此馬場を利用して馬術を練習し、競馬を行っていた」（『横浜市史稿』）などの記述もあります。当時の開催記録等が残っているものだと、横浜新田（現在の中区山下町中華街付近：一八六二年）で行われたというのが最古になります。

　居留外国人が増えていくのにしたがって居留地がだんだんと狭くなり、居留外国人から定期的に開催できる競馬場建設の要望が出て来ました。その時に起こったのが「生麦事件」（文久二・一八六二年）です。遠乗中の英国人四人が薩摩《さつま》藩主《はんしゅ》の父、島津久光《しまづひさみつ》の行列の前を横切ったため、怒った従者が英国人を殺傷したという事件で、薩英戦争《さつえいせんそう》にまで発展していきます。この事件で、激化する攘夷運動《じょういうんどう》に恐怖を感じていた居留外国人の緊張は一層高まり、幕府は英仏両国の軍隊の駐屯を認めざるを得なくなります。両軍の駐屯地では、イギリス二〇連隊練兵場（現在の中区諏訪町：一八六五年）、射撃場（現在の中区大和町：一八六五〜六六年）などで競馬が行われた記録が残っています。

欧米諸国との緊張を和らげるために幕府は早急に「横浜居留地覚書」を作成し、元治《げんじ》元年（一八六四）に英米仏蘭と締結しました。その後の話し合いを経て「横浜居留地改造及競馬場墓地等約定書」を慶応二年十一月二十三日（一八六六年十二月二十九日）に交わしました。その中には根岸に競馬場を定めたことが記されています。そして、慶応二年六月（一八六六年七月）に横浜レースクラブが発足。同年十一月（同年十二月）に根岸競馬場が完成し、同年十二月六日（一八六七年一月十一日）に初めて競馬が開催されました（全八レース）。

しかし、居留外国人たちの間で対立が起こり、明治九年（一八七六）に横浜レースクラブに対立する横浜レースアソシエーションが設立されました。これには英国派（レースクラブ）と反英国派（レースアソシエーション）の対立が背景にあったようです。運営方法も両者で異なり、レースクラブが日本人の入会を認めなかったのに対して、レースアソシエーション側は日本人の特別入会を認めていました。

ところが、両者とも借地料の問題（競馬場の土地は日本政府が居留民に貸与していたため）などから行き詰まり、合併して結成した横浜ジョッキークラブを経て、明治十三年（一八八〇）に日本レースクラブが発足しました。この時には日本人の入会も認められ、有栖川宮《ありすがわのみや》や伏見宮《ふしみのみや》といった宮家、伊藤博文《いとうひろぶみ》、松方正義《まつかたまさよし》、西郷従道《さいごうつぐみち》といった明治政府の有力者などが名前を連ねています。また、明治天皇は十三度も根岸競馬場に行幸され、競馬を観覧された記録も残っています。

　当時の騎手の乗り方は、現在の騎乗スタイルとは大きく異なります。現在では一般化した「モンキー乗り」は、アメリカ人騎手ジェームス・スローン（一八七四〜一九三三）が考案したもので、日本に入って来たのは戦後のことになります。明治時代の騎乗スタイルは「天神乗り」と呼ばれるもので、長鐙で足を伸ばしているのが特徴です。馬の博物館所蔵の「武士招待競走」にもその様子が描かれています。この「天神乗り」は、現在の障害競走などで見ることができます。

　これ以降、根岸競馬場は鹿鳴館《ろくめいかん》外交の舞台や馬匹改良の試験の場として明治政府の政策を支え、また、馬券の発売（明治二十一年＝一八八八）や「帝室御賞典競走《ていしつごしょうてんきょうそう》（現在の天皇賞）」の開始（明治三十八年＝一九〇五）など、日本における近代競馬の中心地として活躍していくことになります。

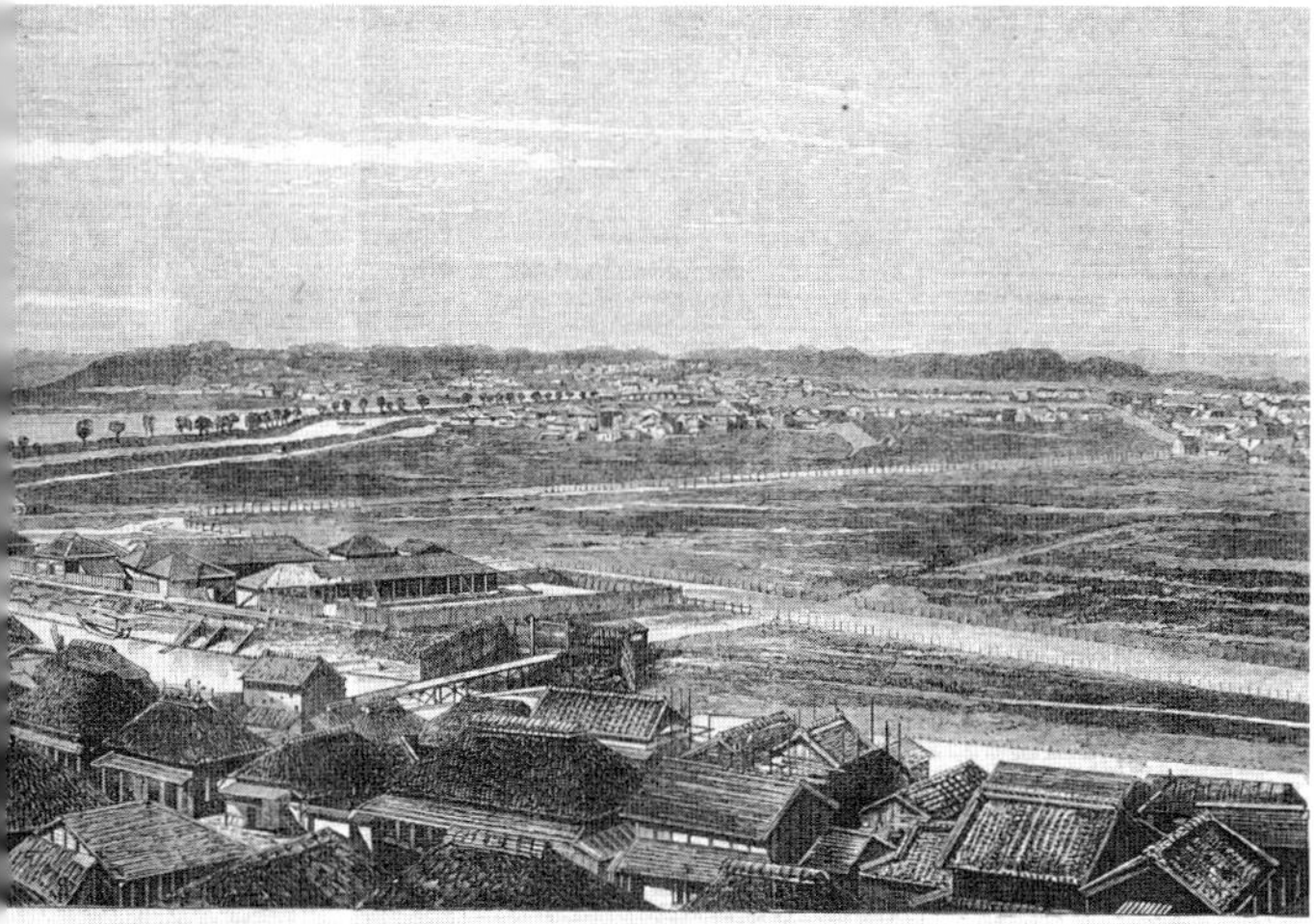

『イラストレーテッド・ロンドン・ニュース』より。現在の中華街あたり。『日本レースクラブ50年史　1862－1912』には「正規のきちんとした競馬が開かれた最初の円型コースは横浜のいまはチャイナタウンで知られる場所であった。その競馬会は1862年５月１日、２日に開かれたもので…」と記されている。

「横浜新田」1863年　馬の博物館所蔵

「武士招待競走」1865年　馬の博物館所蔵
『イラストレーテッド・ロンドンニュース』に掲載されたもの。イギリス20連隊練兵場で行われた競馬で、騎手やスターターが日本の武士である。

「脱走」　馬の博物館所蔵

日本初の諷刺雑誌『ジャパン・パンチ』中のイラスト。横浜レースクラブから、横浜レースアソシエーションが分裂したことを表している。

「西郷従道馬主服（複製）」　馬の博物館所蔵

西郷従道（1843～1902）は薩摩出身で、西郷隆盛の実弟。第１次伊藤博文内閣では海軍大臣に就任した。明治８年（1875）に横浜レースクラブの会員として日本人馬主の第１号となり、同年11月にはミカン号で日本人馬主第１号の勝利を挙げた。日本レースクラブの発起人の１人でもある。

「ミカン号の勝利」1875年　馬の博物館所蔵

『ジャパン・パンチ』という諷刺雑誌に掲載された、前述のミカン号の勝利を伝えるもの。ミカン号とかけて騎手の西郷従道の顔を果物のみかんにしている。しかし、この「ミカン」というのが果物の「みかん」ではなく、「御監」という役職名だったという話もある。

Race-caut Negishi Yokohama. 横濱根岸競馬場

絵葉書「根岸競馬場」（着色写真）明治時代　横浜開港資料館所蔵
正装をしている紳士や淑女ばかりで、上流階級の社交場として賑っていたことがわかる。写真に写っているスタンドは大正12年（1923）の関東大震災で崩壊し、昭和5年（1930）に新スタンドが完成した。

5、西洋曲馬（サーカス）の賑《にぎわ》い

「曲馬」というのは馬を用いて曲芸をさせる、現在のサーカスのようなものです。日本にも、開国以前から曲馬の文化がありました。室町時代にはすでに武芸の余戯として行われており、朝鮮曲馬の影響も受けながら十八世紀頃に見世物興行化したと言われています。その時の主な演目が、馬を使って曲乗り（馬上直立や馬上倒立など）するものや、馬の「碁盤乗り」や「将棋盤乗り」だったため、「曲馬」と呼ばれたのでしょう。京都・藤森神社《ふじのもりじんじゃ》の祭礼では、古式競馬以外に曲乗が行われており、「藤森神社古式駈馬由来」には八種類の曲乗りが記されています。この曲乗りは朝鮮曲馬の影響を受けたとする説もあります。

碁盤乗り

一、藤下り（敵の矢に当たったと見せて駆け出す）
二、手綱下り（矢の降ってくる時に駆け抜ける）
三、立乗り（馬上より遠方の敵を見る）
四、さか乗り（後方の敵を見て矢を放ちつつ味方に急を知らす）
五、見返し（後に続く味方を招きながら駆け出す）
六、敵隠れ（左の敵に姿を見せずに駆け出す）
七、さか立ち
八、一字書き（初代は祝の意味より「寿」の字を

書いたが今は「馬」の字とする）

幕末になると、江戸・浅草の浅草寺《せんそうじ》境内などの見世物小屋で興行が行われていました。しかし、その演目は現在のサーカスとはかなり異なります。馬の曲乗りというのは伝統として行われていましたが、煙管《きせる》の煙でいろいろな姿形を描いたり、人形芝居を見せたり、木彫り人形や蝋《ろう》人形が置いてあったりといった内容のものだったようです。

そして、開国とともに西洋曲馬が日本に入ってきました。日本で初めて西洋曲馬が行われたのは横浜居留地（詳細な場所は不明）で、元治元年（一八六四）のことです。この曲馬団はアメリカ人リズレーが団長で、団員一〇名、馬八頭でした。また、リズレーは同年十一月には居留地一〇二番地（現在の中華街内）に「アンフィシアター（円型劇場）」を作りました（翌年には「オリンピック劇場」と改称）。彼は、中国から天津氷《てんしんごおり》を輸入し、日本で最初のアイスクリーム屋を創業した人物でもあります。

西洋曲馬の演目内容はどのようなものだったのでしょうか。曲馬の様子を描いた浮世絵を見ると馬が多く描かれており、曲乗りが多かったことがうかがえます。一川芳員《いっせんよしかず》「中天竺舶来之軽業」（馬の博物館所蔵、口絵参照）には

> 馬三疋をおし竝へ、背に立ちて走らするに、体は最々泰然たり。茲において、中央の人曲をなして、看客の膽を冷さしむ。

と説明されています。中央の人物が、作品に見られるように二人が持っている棒の上で倒立したのでしょう。この曲乗りの絵は多くの作品に見られることから、当時の演目の中では最もポピュラーなものの一つだったと思われます。また、

鞠にうち乗四つの剣を投てはうけとる、足更に定まらずといへども、するどき剣を扱ふこといなごの如し、此業実に奇といふべし（玉乗りの曲芸）

棒に左右の手をかけて諸足をそろへて廻る、其はやきこと轆轤《ろくろ》も及ばず、更に人間業とは見へざりけり（鉄棒の曲芸）

といった説明が入っている作品があったり、火の輪くぐりや空中ブランコのようなものが描かれているものもあります。

次に日本で公演したのはフランス人スーリエの曲馬団で、明治四年（一八七一）に横浜で興行を行った後、東京・九段招魂社《しょうこんしゃ》や浅草奥山で興行を行った記録が残っています。その後は、明治十九年（一八八六）に来日して横浜や外神田秋葉ヶ原（現在の秋葉原）で興行を行ったイタリアのチャリネ大曲馬、明治二十五年（一八九二）に神戸・大阪・横浜・両国で興行を行ったイギリスのアームストン大曲馬などの曲馬団の記録が残っています。

芳虎「天竺人横浜にて軽業之図」　馬の博物館所蔵
元治元年（1864）のリズレーの曲馬を描いたもの。「から人もろ手をとりてまわること　くるまのごとし」と書いてあり、このまま馬に乗ってぐるぐると回転する演目だと思われる。

明治25年（1892）に、横浜の吉浜橋で興行を行った曲馬団。演目の中には馬の曲乗りやピエロの玉乗りのほかに、虎や象を使った本格的なものも見られる。

「アームストン大曲馬」　馬の博物館所蔵

6、西洋式馬術の伝播

日本と欧米各国では、馬の乗り方についても多くの異なった点がありました。『珍事五ヶ国横浜はなし』にはそれについての記述もあります。

「異人の乗馬には、わらんしの代りに爪に金をはめるなり、馬の手綱四本より六本あり。異人は馬術なく、何れもたた〜あら乗なり。急に馬を止る時は綱を引とかねの棒口中に立ゆへ馬止るなり。〜（中略）〜男女とも乗るなり。猶女も馬にのりていくさのけいこする也。」

この記述を順番に見ていきましょう。

・馬わらじから蹄鉄《ていてつ》へ

「わらんしの代りに爪に金をはめるなり」というのは、蹄鉄の装蹄《そうてい》のことです。馬を扱う世界では「蹄なくして馬なし」「一爪、二心、三体、四血、五生（相馬学的《そうまがく》に馬を評価する基準を順番に挙げると、蹄・気性・馬格・血統・生産地の順となる）」などという俗言もあるほど馬にとっては蹄は重要な部分です。

馬の蹄を護る最も原始的な方法は、蹄を焼く事です。ヨーロッパでは、紀元前にはすでに鉄板や「ヒポサンダル」と呼ばれる鉄沓《てつぐつ》が使われていました。現在の蹄鉄がいつ頃から使われ始めたのかと言う事には諸説ありますが、九世紀の書物に記述があり、十一世紀頃には一般に普及して

「ヒポサンダル」　馬の博物館所蔵

いたと言われています。日本では、大宝元年（七〇一）に作られた「大宝律令《たいほうりつりょう》」の厩《きゅう》牧令《ぼくりょう》に、蹄の裏を焼いて蹄質を硬くすることが決められていました。そして江戸時代までは、人間のわらじ（「わらんし」）と同じような「馬わらじ」と呼ばれるものを馬にも履かせており、その様子は江戸時代に描かれた街道版画に見ることができます。わら以外に糸や植物の茎、人間の頭髪などを編んだ馬わらじなどもありました。

　江戸時代に出島で交易をしていたオランダ人によって蹄鉄が初めて日本に伝わり、九州の一部で使用されたという記述がありますが、一般に普及はしませんでした。また、江戸八代将軍徳川吉宗《とくがわよしむね》は十二年間に二十八頭の洋種馬《ようしゅば》を輸入しましたが、その時に蹄鉄に関する技術の紹介があったという記録もあります。しかし、日本在来馬は蹄が丈夫で特に装蹄の必要もなかったため、やはり普及しなかったようです。

開国後、居留外国人たちが遠乗りをするようになると、馬わらじでは耐久性がないため、蹄鉄を馬に着けるようになりました。また明治政府が西洋式の軍事技術を導入したため日本の軍馬にも蹄鉄が装蹄されるようになり、次第に普及していきました。

・日本式馬術との違い

「異人は馬術なく、何れもたた〜あら乗なり」とあります。この文については意味不明です。ちょうどフランソア・ボーシェー（一七九六〜一八七三）やジェームス・フィリス（一八三四〜一九一三）などの登場により西洋における近代馬術が成立しつつあった時代とはいえ、当時の欧米に馬術がなかったわけではありません。戦国時代にヨーロッパに渡った天正遣欧少年使節《てんしょうけんおうしょうねんしせつ》（一五八二〜一五九〇）の見聞記である『天正遣欧使節記』にはこのような記述があります。

ヨーロッパの馬にはよい習慣とよい訓練が与えられていて、それで仕込まれた馬は、騎手が片手で手綱《たづな》を操るだけで、軽々と命令どおりに動き、輪を描くような走り方もするなど、実に驚くばかりだ。（千々石ミゲル）

われわれといえども、馬術に相当心得があるのだが、われわれの馬を片手で操るなどのことは、これまで一回もできたためしがない。(有馬レオ)

これらのことから、居留外国人に馬術の心得がなかったとは考えられません。西洋式馬術は、前述した装蹄技術と同じ頃、徳川吉宗の治世にオランダから伝えられています。しかし、装蹄と同じように定着しませんでした。その理由として『海防問答《かいぼうもんどう》』という書物に次のような記述があります。

享保中、蘭人ケイズルの上る馬書に、馬にかけを追とき、初めての乗もの舌打ちをすればかけ出、留るとき口笛を吹けば留るとあり。其国武事是の如し。其取締なきは児戯にひとし。西洋の商にて世渡をする国にはこれにても済べけれども、武をもって国を立る吾東方に於ては決して用いられぬ事は、是にて悟るべし。

日本の馬術は、流鏑馬《やぶさめ》や犬追物《いぬおうもの》などからも覗えるように、戦場において活かされる内容のものでした。そのため、武士出身の幕府役人たちにとってみれば、舌打ちや口笛で馬を御する西洋式馬術は子供の遊び程度にしか見えなかったのでしょう。

それでは、どうして居留外国人の騎乗振りが「あら乗」だったのか。その原因は、洋種馬と日本馬の違いだと思われます。十六世紀以降に日本にやってきた外国人たちは、日本馬のことを次のように残しています。

われわれの馬は走っていても、ぴたりと止まる。彼らのはひどくあばれる(フロイス)

日本の馬はいつもたがいに喧嘩しようとしている。まったくひねくれていて、人になつかない（シュリーマン）

日本馬の気性の荒さは先天的なものもありますが、他の理由として雄馬を去勢《きょせい》していなかったこともあったようです。文久《ぶんきゅう》二年（一八六二）に来日したパンペリーは、『日本踏査紀行』の中で「いつも去勢されていない牡《おす》であるため、彼らの劣悪な性質は、普通はっきりとあらわれる」と書いています。必要充分な洋種馬を輸入することはできなかったでしょうから、日本産馬や中国産馬などに乗る人もいたでしょう。そうすると気性の荒い馬に乗ることになり、日本人には「あら乗」に見えたのではないでしょうか。日本において去勢が一般化するのは明治後半になってからのことです。

・右乗りから左乗りへ

日本式馬術と西洋式馬術の最もわかりやすい相違点をひとつ挙げましょう。

テレビの時代劇などで、武士が馬に乗るシーンを見たことがあると思います。江戸時代以前の時代劇で馬の左側から乗っているのを見た時、それは史実とは異なっています。なぜなら、幕末に西洋の馬文化が入ってくるまで、日本人は右側から馬に乗っていたからです。

「平治物語絵巻」（拡大）　馬の博物館所蔵

中国から騎馬の文化が入ってきたと考えられている五世紀頃はどうだったのかはわかりません。馬の左側に立って手綱を引いている人物の俑などが中国から出土していることなどから、中国では左乗りだったとも考えられます。そして、その影響を受けた日本においても左乗りが主流だったかもしれません。しかし、武士の世の中になって多くの馬術流儀が生まれると、馬術書には「馬の右より寄添ひて騎下する事定法也」（『大坪流軍馬』）「馬の左に居たらば、同く馬のうしろを通りて、馬の右へよりて乗ずべし」（『馬の書』）など、馬に右から乗ることが原則として記されています。また、馬の博物館所蔵の「平治物語絵巻」など、絵画にも右から騎乗する武士を描いているものが見られます。

「ミカドに敬意を表して帰る日本官吏」　馬の博物館所蔵

馬に右から乗るようになった理由については、はっきりとわかっていません。「日本の武士は左の腰部に刀を提げていて、左乗りだと騎乗する時に刀の鞘が馬の腹に当たって乗りにくい」「左乗りだと箙《えびら》（矢を入れている筒）から矢が落ちてしまう」「馬に乗ろうとしていて襲われた時にすぐに対応できるため」などの諸説があります。

開国後には西洋馬術が入って来て左乗りをするようになりました。軍隊も西洋式になったため、左乗りになったと思われます。しかし、やはり慣れ親しんだものを変えるのは難しかったようです。『イラストレーテッド・ロンドン・ニュース』（一八七七年四月七日号）の「ミカドに敬意を表して帰る日本官吏」と題名が付けられた挿絵には、右側から馬に乗る洋装の日本官吏が描かれています。居留外国人たちにとってみれば、右側から馬に乗る日本人の姿が珍しく思えたのかもしれません。

・大勒《たいろく》ハミ

次に「馬の手綱四本より六本あり」というのは、大勒ハミのことです（手綱が「六本」というのは不明）。馬が家畜化された最初の頃は馬の首に縄を付けるなどしていましたが、紀元前三千年頃にハミが発明され、人間が自分の意思を馬に伝える事ができるようになりました。馬の歯は前歯と奥歯の間に「歯槽間縁《しそうかんえん》」と呼ばれる歯の生えていない部分があり、そこに縄ひもや木の棒を通したのが初期のハミでした。青銅器時代になると青銅製、その後は鉄製のハミが使用されるようになりましたが、鏡板の模様・形状や矯正用の特殊なものがあるものの、その基本的な構造は五千年前からほとんど変わっていません。

現在のハミを大きく分類すると「小勒《しょうろく》（水勒《すいろく》）ハミ」「大勒ハミ」の二つになります。小勒ハミはハミの両側から一本ずつ手綱が出ているのに対して、大勒ハミの方は左右の上下から二本ずつ計四本の手綱が出ています。現在の乗馬や競馬に一般的に使われているのは小勒ハミですが、大勒ハミはより微妙な制御を伝達できるため、複雑な高等馬術などには大勒ハミを使う事もあり

ます。【ハミの歴史については『うまはくブックレット⑥　ハミの発明と歴史』を参照のこと】

・西洋鞍と婦人鞍

馬に騎乗する時に使用する馬具が鞍《くら》と鐙《あぶみ》です。日本に鞍鐙などの馬具がもたらされたのは古墳時代頃と言われ、埴輪《はにわ》馬《うま》などで馬具を装着したものも多く見られます。日本に伝わった鞍は「唐《から》鞍《くら》」と呼ばれるものでしたが、鎌倉時代になると日本独自の「和鞍《わぐら》」と呼ばれるものが開発されました。和鞍は唐鞍に比べて前輪《まえわ》や後輪《しずわ》が直立（後輪はやや傾斜）していて、馬上での姿勢が安定するようになっています。

「埴輪馬」　馬の博物館所蔵

それに対して、この時代に入って来た西洋鞍は、前輪と後輪があまり突出していません。その分、馬上で横や後に体をひねることが容易になっていますが、反対に馬上でバランスを取り辛くなっています。イスに例えると、和鞍が背もたれと肘置き付きのイスで、西洋鞍は背もたれもないイスといったところでしょうか。日本人が西洋鞍に慣れるのには苦労したようで、明治天皇が考案した「和洋折衷鞍《わようせっちゅうぐら》」なども見られます。

「男女とも乗るなり。猶女も馬にのりていくさのけいこする也」というのは、居留外国人の女性たちが馬に乗っているという風景が驚きであったことを指しています。南北朝時代までは「女騎」と言って、女性が馬に乗ることもありましたが、泰平の世の中では江戸市中において馬に乗ることが出来るのは、原則として武士などに限られており、女性が馬に乗るということは珍しいことでした（明治四年四月十八日に政府が「自今平民乗馬被差許候（これから平民の乗馬を許す）」との法令を出した）。「いくさのけいこ」というのも、実際に欧米人の淑女が「いくさのけいこ」のために馬に乗っていたとは思えませんから、「馬に乗る＝武士＝戦場で戦う」と考えたのかもしれません。

神奈川
権現山
外國人遊覧
一川芳員画

一川芳員「神奈川権現山外国人遊覧」　馬の博物館所蔵
権現山は現在の幸ヶ谷公園（横浜市神奈川区）で、桜の名所だった。鎌倉など遊歩区域内の名所などに、居留外国人たちは遠乗りで出掛けた。

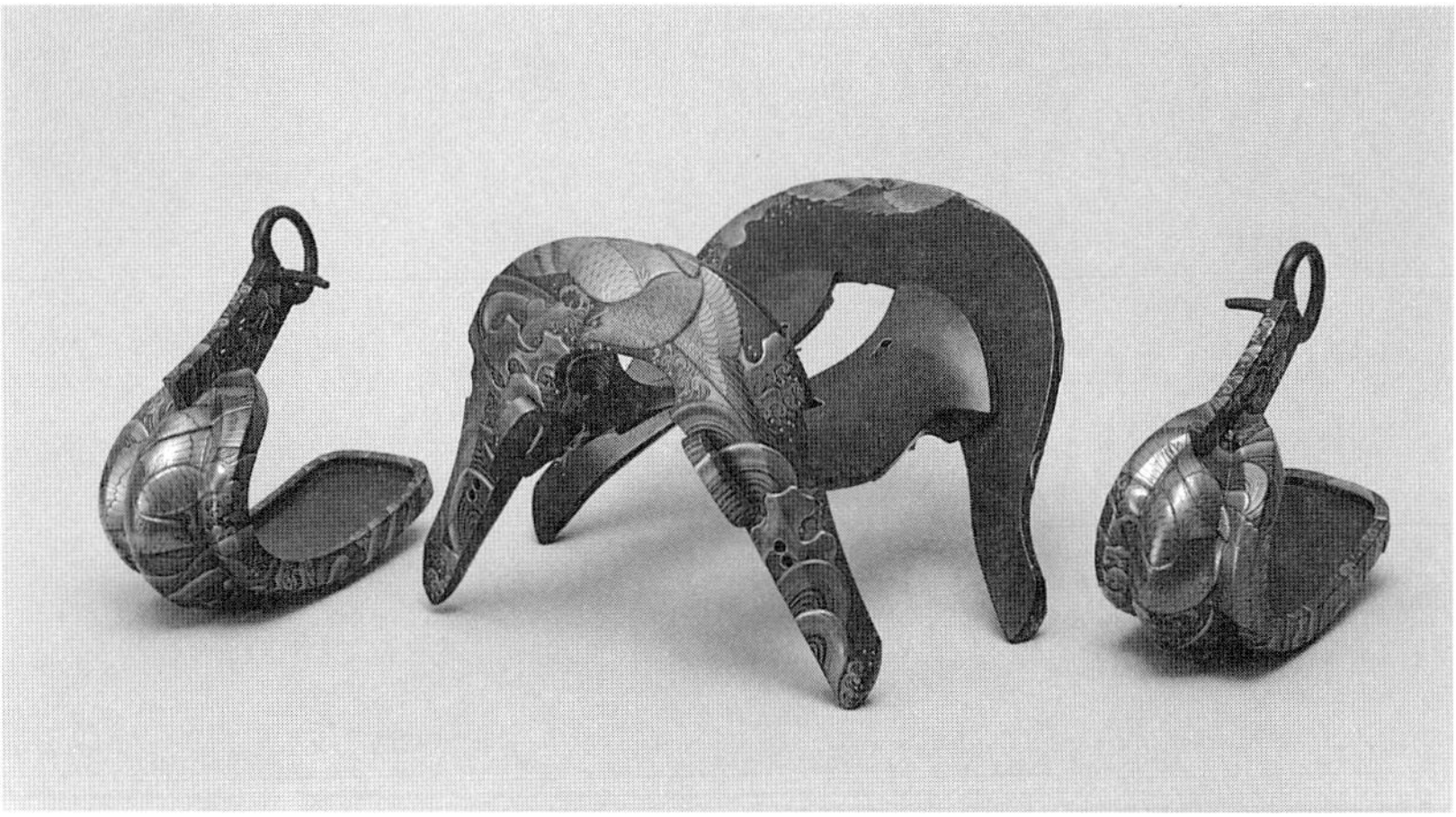

和鞍　「鷹蒔絵鞍鐙」　馬の博物館所蔵
　前輪と後輪が大きく突出しており、馬上でも姿勢が安定するようになっている。

洋鞍　「ウェスタン鞍」　馬の博物館所蔵
　和鞍に比べて前輪や後輪が小さいため安定感はないが、馬上での自由な動きが可能である。

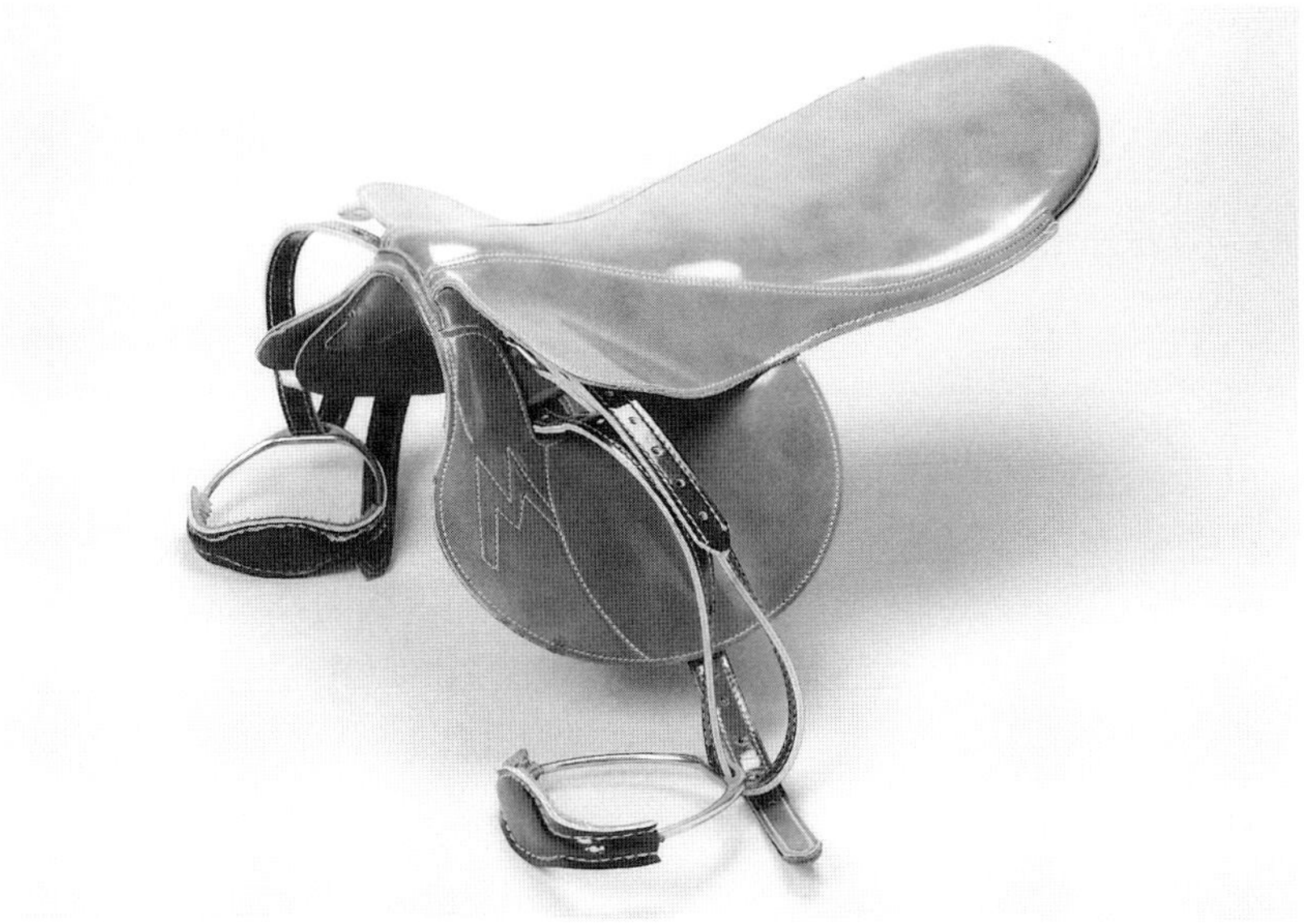

「競走鞍」　馬の博物館所蔵
現在の競馬で使われている鞍で、中央競馬の牧原由貴子騎手から寄贈されたもの。非常に軽量に作られている（約1kg）。

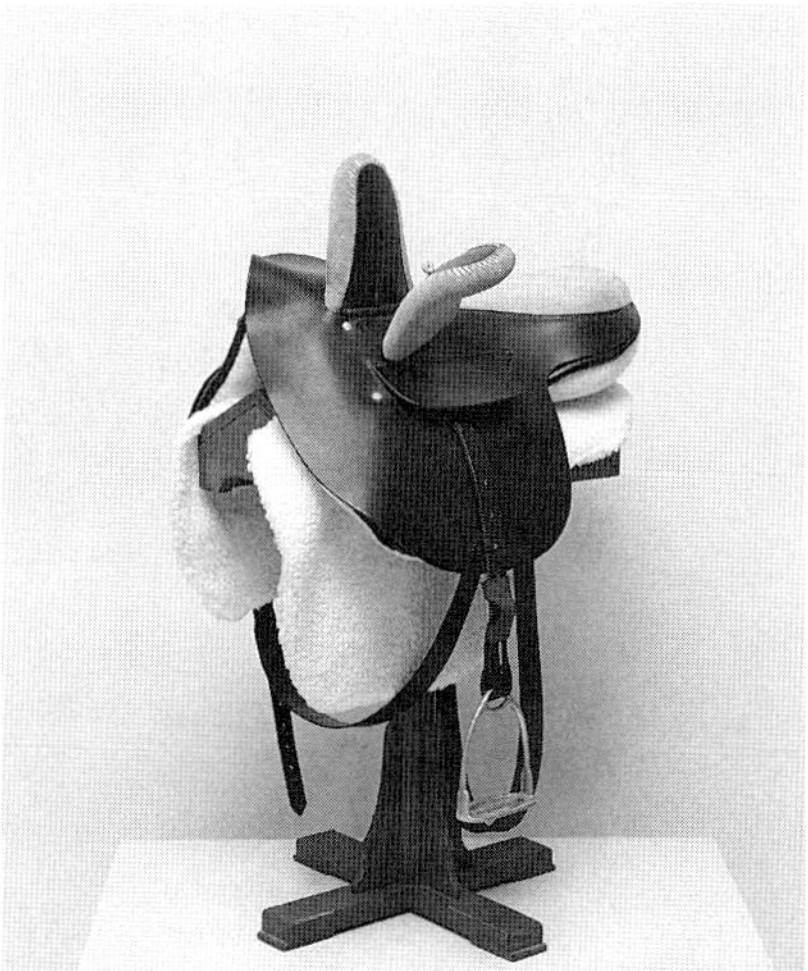

「婦人用横乗鞍」（馬の博物館所蔵）と横乗の様子

歌川芳形「東海道藤沢」　馬の博物館所蔵

馬わらじを着けた馬が描かれている。馬方は、蹄を「うらほり」（溜った泥をかき出す）している。

馬わらじ
　人間のわらじと同じように編んだもの。人間のわらじは小判型だが、馬わらじは円型に近い形をしている。

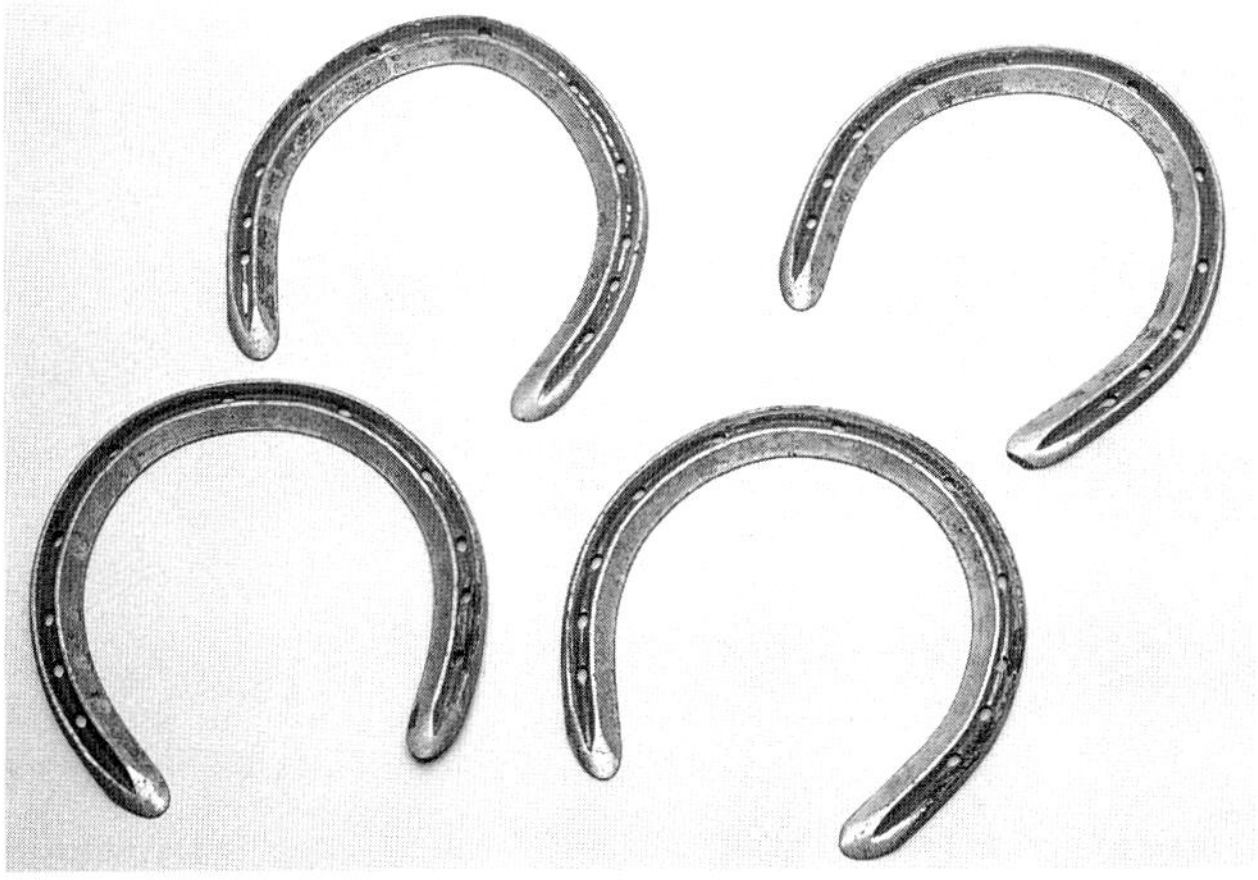

蹄鉄
　蹄の形は馬によって微妙に違うため、装蹄師が熟練の技で蹄鉄の形を整える。蹄鉄の形が合っていないと、蹄に負担が掛かってしまって病気を発症することもある。

【参考文献】

『日本史広辞典』（山川出版社、一九九七）
『角川日本地名大辞典　14神奈川県』（角川書店、一九八四）
『横浜浮世絵と近代日本　―異国〝横濱〟を旅する―』（神奈川県立歴史博物館、一九九九）
馬の博物館『根岸の森の物語』（神奈川新聞社、一九九五）
日高嘉継・横田洋一『浮世絵　明治の競馬』（小学館、一九九八）
早坂昇治『文明開化ウマ物語　―根岸競馬と居留外国人』（有隣堂、一九八九）
早坂昇治『馬たちの33章』（緑書房、一九九六）
『横浜もののはじめ考』（横浜開港資料館、一九八八）
横浜開港資料館『図説　横浜外国人居留地』（有隣堂、一九九八年）
篠原宏『東西交流叢書3　明治の郵便・鉄道馬車』（雄松堂出版、一九八七）
坂内誠一『碧い目の見た日本の馬』（聚海書林、一九八八）
三好一『ニッポン・サーカス物語　海を越えた軽業・曲芸師たち』（白水社、一九九三）
石井和子訳『シュリーマン旅行記　清国・日本』（講談社、二〇〇一）

おわりに

今回の『うまはくブックレット』では、二〇〇四年が開国（日米和親条約締結）一五〇周年にあたるということで、文化の転換期であった幕末から明治期の横浜にスポットを当てました。横浜はこの百五十年で大きな変貌を遂げましたが、流行の発信基地であるのは変わっていないようです。

現在では、日常生活において馬と関わることも少なくなりました。

「馬車道」という地名は知っていても、その由来を知らない人も多いでしょう。

また、開港直後に競馬が行われた横浜新田やイギリス軍駐屯地は、中華街や港の見える丘公園となって多くの観光客で賑っています。根岸競馬場の跡地は根岸競馬記念公苑・根岸森林公園となって、横浜市民の憩いの場となっています。

本書を手に、普段何気なく通っている場所で、開港当時の馬たちの蹄の音、馬車の車輪の音、サーカス劇場での観客の歓声など、開港当初の横浜に思いを馳せてみてはいかがでしょうか。

秋永　和彦

二〇〇四年三月

【著 者 略 歴】

秋永　和彦（あきなが・かずひこ）

1976年福岡県生まれ。1999年早稲田大学第一文学部卒業。同年より財団法人馬事文化財団（馬の博物館）勤務。学芸員。

横浜ウマ物語

－文明開化の蹄音－

2004年３月15日　初版発行

著　　者　秋永　和彦

企画・編集　馬の博物館

発　　行　神奈川新聞社

〒231-8445　横浜市中区太田町2-23
電　話　045（227）0850
ＦＡＸ　045（227）0815

定価は表紙に表示してあります。

「うまはくブックレット」の刊行にあたって

馬の博物館が昭和五十二年十月に開館してから二十数年が経過しました。この間、多くの方々のご支援ご協力を得て、自然史、歴史、民俗、美術工芸、競馬など、馬に関するさまざまな分野の資料を収集、保存、展示するとともに、これらに関する調査研究をすすめてまいりました。その成果は毎年春秋の特別展などの展示、馬の文化叢書、図録、研究紀要の発行などを通じてご利用いただいております。また、併設されているポニーセンターではサラブレッドから北海道和種（どさんこ）、ミニチュアホースまで、さまざまな種類の馬をご覧頂くことができます。

このたび、さらに多くの方々に馬に関する文化への関心と理解を深めていただけるよう「うまはくブックレット」を刊行することにいたしました。動物としての馬、くらしをささえた馬、絵画や彫刻に表された馬、馬を用いた競技など、人と馬に関する広い分野について、写真、図版なども取り入れ、読みやすく、しかも深い内容をもったシリーズにしたいと考えております。

馬の博物館のある横浜市根岸は、慶応二年十二月六日（一八六七年一月一一日）に日本で初めて本格的な洋式競馬が行われたところです。「うまはくブックレット」が二十一世紀の根岸の丘に新しいページを重ね、幅広い御支援を得て馬文化の発展に寄与することができれば幸いです。

平成十一年十二月

財団法人　馬事文化財団
馬の博物館

「うまはくブックレット」既刊

①　馬と石造馬頭観音

栗田直次郎　片山寛明　著

９５２円（税別）

江戸時代以降、牛馬の無病息災や死後の冥福を祈るため、多くの馬頭観音が造立され各地に安置されました。全国の石造馬頭観音像を撮影しつづけている栗田氏が、代表的な馬頭観音像１３８点を写真で紹介します。また、片山氏が古代インドから始まる馬頭観音の歴史と背景について解説します。

（２０００年１月刊）

②　浮世絵に描かれた人・馬・旅風俗―東海道と木曾街道―

橋本健一郎　編著

８００円（税別）

日本を代表する浮世絵師、歌川広重の「東海道五拾三次」や渓斎英泉と広重の共作「木曾街道六拾九次」には、馬が登場するものが少なくありません。これらの風景版画の中から35枚を選んで、日本在来馬の姿や、当時の馬を利用した旅行の実際などを紹介します。

（２００１年１月刊）

「うまはくブックレット」既刊

③ 馬車の歴史 ―古代&近代の馬車―

川又正智　編著

遊牧民の馬と、古代文明で作られた車輪の技術が結びついて、馬車の文化が生まれます。馬車は文明の発達に重要な役割を果たし、人々の生活を変化させました。東西の古代文明から近代までの、馬車の歴史を紹介します。また、元宮内庁車馬官を囲んでの興味津々の座談会も収録します。

８００円（税別）

（２００１年１月刊）

④ 日本の古式競馬 ―１３００年の歴史を辿る―

長塚　孝　著

開港後、日本へ伝えられた近代競馬はおおいに発展して、今やだれでもが知っている娯楽・スポーツとして親しまれています。しかし、日本には相撲などと同様に、古来より行われていた競馬がありました。１３００年間続いてきた日本の古式競馬の歴史と文化を紹介します。

８５０円（税別）

（２００２年１月刊）

「うまはくブックレット」既刊

⑤ ウマ社会のコミュニケーション

—雌はハレムに隠されたか、縄張りに呼ばれたか—

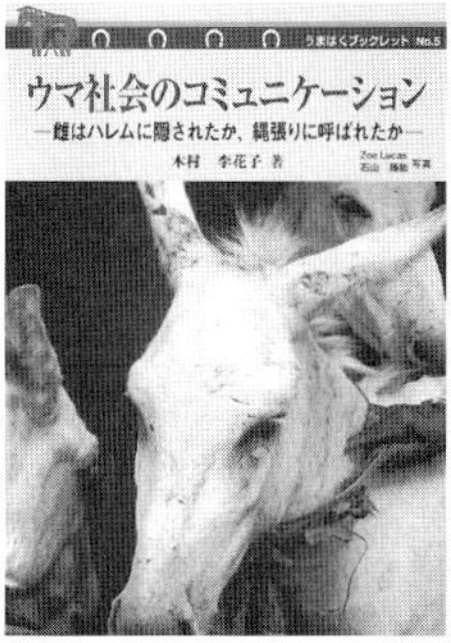

木村李花子　著

850円（税別）

馬とロバは、かつて野生状態でどのような生活を送っていたのか。北アメリカ・アジア・アフリカで野生に戻されたウマ属を観察してきた著者は、社会形態を「ハレム型」と「縄張り型」という二つに分類しました。さまざまなコミュニケーションのあり方を比べたウマ属の生活史です。（2002年12月刊）

⑥ ハミの発明と歴史

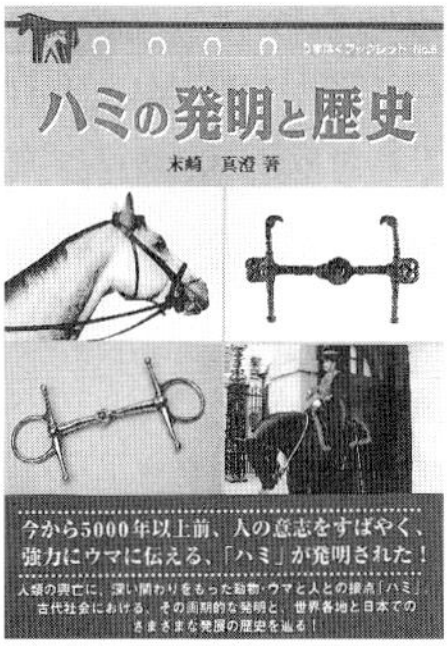

末崎真澄　著

850円（税別）

今から5000年以上前、ウマを制御する道具（馬具）として発明されたハミは、古代社会における革命的な出来事でした。ハミは、その後数千年の間に東西世界に広がり、基本的な機能は今も変わらず使用され続けています。

また日本に輸入され、独自に発達したハミについても紹介します。（2004年1月刊）

「うまはくブックレット」近刊予定

■奥羽の馬

古代以来、東北地方は馬産地として全国に知られていました。源平合戦のころの名馬生唼《いけずき》をはじめとして、鎌倉・室町・江戸時代と多くの馬を育成してきました。近代に入っても、農耕馬・軍用馬を生産し、著名な競走馬も輩出しています。そのような奥羽地方の古代・中世における馬や牧の姿を紹介します。

■名馬の肖像

源平合戦に登場する生唼《いけずき》・摺墨《するすみ》や井上黒、「三国志」で活躍した赤兎《せきと》や的盧《てきろ》、マレンゴ攻略戦にちなんで名付けられたナポレオンの愛馬マレンゴ。多くの名馬たちの魅力は後世にも伝わり、多くの芸術家が作品のモチーフとして採り入れています。彼らを描いた後世の作品やエピソードを紹介します。